再解构
时装创意设计
APPAREL STYLE Re-deconstruction
Fashion Creative Design

王培娜　吴泉宏　著

化学工业出版社

·北京·

本书以企业需要的"成衣款式图"和以主题文化植入的"设计企划"为基点，分为以下四章：

第一章服装效果图与款式图，精确的款式表达和工艺说明，是学习服装制板和工艺制作的前提，服装效果图对照能够准确而有美感地表达服装穿着效果，是企业手稿的必备形式；

第二章服装创意设计，此部分以灵感创意设计和设计师作品及款式图对照为主，寻找灵感来源是学习服装创意设计思维拓展的方式，将灵感的精髓拓展到服装设计中，是服装设计师必备的方法，后半部分结合秀场和设计大师的作品进行服装款式图绘制与分析；

第三章设计企划，以主题文化植入的主题灵感设计为主，此部分向读者展示三个系列设计企划，分别从灵感、色彩、面料和工艺等角度进行系列服装设计；

第四章PEINAXI原创设计，此部分以作者原创服装拍摄的一系列画报向读者直观全面地诠释服装创意设计，观赏性、可读性较强，可供读者参考。

本书适用面广，既可作为在校学生学习临摹的手稿，也可作为企业设计师提高设计水平的参考，对于广大服装设计人员、服装从业者和服装设计爱好者来说，也是一本极有价值的参考书。

图书在版编目（CIP）数据

再解构时装创意设计/王培娜，吴泉宏著．—北京：化学工业出版社，2019.8
ISBN 978-7-122-34356-7

Ⅰ.①再… Ⅱ.①王…②吴… Ⅲ.①服装设计 Ⅳ.①TS941.2

中国版本图书馆CIP数据核字（2019）第078424号

责任编辑：蔡洪伟　　　　　　　　　　　文字编辑：李　瑾
责任校对：王素芹　　　　　　　　　　　装帧设计：王晓宇

出版发行：化学工业出版社（北京市东城区青年湖南街13号　邮政编码100011）
印　　装：北京缤索印刷有限公司
787mm×1092mm　1/16　印张11¾　字数205千字　2019年9月北京第1版第1次印刷

购书咨询：010-64518888　　　　　　　　售后服务：010-64518899
网　　址：http://www.cip.com.cn
凡购买本书，如有缺损质量问题，本社销售中心负责调换。

定　　价：98.00元　　　　　　　　　　　　　　　　版权所有　违者必究

序
PREFACE

  如同优秀的教师必然懂学生，成功的时装设计师必然懂消费者，杰出的作者必然懂读者，王培娜老师不论是作为教师、设计师还是作者都是极受欢迎的，这应归结为她是一个有情怀、有使命感的人，她了解她要为之服务的每一个群体，时刻将他们的需求挂在心上，为他人创造着美好，并不断为其带来惊喜，眼前这本书同样又一次带给我一个惊喜。

  王培娜老师是国内为数不多的拥有大学教授和全国十佳时装设计师双重身份的设计师，她不仅是设计理论研究的传播者，更是公认的设计实践成功的践行者。由她指导的学生在国内外获奖无数，而她设计的服装更是受到消费者的喜爱。作为大学教师，她的设计课程非常受学生欢迎，学生不仅在设计理论、设计方法上受益匪浅，更重要的是她精通每个环节，从创意设计、效果图表达、材料甄选、款式图表现、结构设计到制作工艺，她的设计教学是个系统工程，学生能够把握各环节之间的关系，理论和实践能够融会贯通，而这一切应该归结于她二十多年的不懈探索和实践。我记得非常清楚，她曾经主动要求上结构设计课程，她想到的首先是学生成为设计师必须突破的瓶颈。作为设计师，她常年活跃在市场的前沿，她的作品每年都会出现在全国的各大展会上，她的品牌时尚大气，又闪烁出细节的灵光，成为许多国内外时尚买手追踪的目标。

  上个月，我接到她的电话，邀约我为她的这本书作序，我感到很荣幸。仔细翻看了书稿，此书延续了她一贯严谨认真的写书风格，不是为了评职称，没有太多的功利性，参考和借鉴的就是她自身的实践经验和体会。作为教师和设计师，她了解现在的学生急需什么，针对现在的设计师以及在校学习设计的学生最薄弱的环节，教会大家如何把握从设计构思、设计表达到工业产品转换过程中各个环节的关系，并通过服装款式图精确地表达出来，从而保证了作为设计师的个体设计语言的准确性和完整性，同时也为技术人员能够准确读懂设计师的设计语言提供了有效保证。这个过程需要对人体充分了解，装饰和修饰并重；需要对结构设计精通并实现服装款式的二次解构；需要耐心细致，考虑到设计中所有要交代清楚的细节。王培娜老师不仅自己做到了，同时也希望通过本书中丰富的案例分享帮助更多的读者做到。

  感谢王培娜老师在繁忙之中又给我们贡献了这本非常有参考价值的书稿，无私地向读者分享了她的宝贵经验。相信无论是在校的服装设计专业师生还是业内从业人员，只要是有幸读到这本书的读者，一定会与我有同样的感受。

大连工业大学服装学院院长、教授

2018年10月18日于大连

前言
FOREWORD

  本书是《毛衫设计手稿》和《服装设计手稿》的延续，以企业需要的"服装款式图"和以主题文化植入的"设计企划"为基点，展开款式图的绘制以及时装创意的灵感采集和系列设计，这本书可为设计师、在校学习服装专业的学生以及服装设计爱好者提供有价值的参考和借鉴。这本书将精华部分展示给读者，包括创意设计、效果图表达、款式图表现到结构设计为主的再解构，同时增加了设计灵感、元素拓展以及喻义不一的文字来表达设计师的设计感受和理念。

  感谢化学工业出版社编辑在图书出版方面提供的指导意见，才有了这本《再解构时装创意设计》。本书分为如下四章：

  第一章　服装效果图与款式图；

  第二章　服装创意设计；

  第三章　设计企划；

  第四章　PEINAXI原创设计。

  参与本书工作的还有研究生吴泉宏，欢迎服装设计爱好者与我们切磋交流，提出宝贵的意见。联系QQ：846481260，博客：http://peinaroom.blog.163.com/。

王培娜

2018年10月

目录
CONTENTS

| CHAPTER 01 | 服装效果图与款式图 | 1 |

款式图绘制 3
服装效果图与款式图对照 38

| CHAPTER 02 | 服装创意设计 | 55 |

灵感来源与创意设计 56
设计师创意作品及款式图对照 80

| CHAPTER 03 | 设计企划 | 109 |

主题灵感 113
系列创意设计一 116
系列创意设计二 126
系列创意设计三 137

| CHAPTER 04 | PEINAXI原创设计 | 147 |

| PEFERENCES | 参考文献 | 177 |

| PEFERENCES WEBSITE | 参考网站 | 177 |

| ACKNOWLE-DGEMENTS | 致谢 | 178 |

CHAPTER 01　服装效果图与款式图

服装效果图与款式图

　　服装效果图是设计师借以检验设计作品艺术构思、着装效果完整性的直观表现形式，用于对制作师的工作进行指导。其目的在于将立体的时装形象地、一目了然地展现在平面上，同时较准确地表达出时装的款式、色彩、面料以及结构等。

　　款式图用作服装制版、工艺制作、合理生产以及成品检验标准的指导。绘制时，服装款式图的比例、外轮廓线、结构线、工艺以及装饰线等必须准确严谨；另外，服装的面料、辅料、细节设计、工艺说明都要标准清晰。

款式图绘制

正面款式图

背面款式图

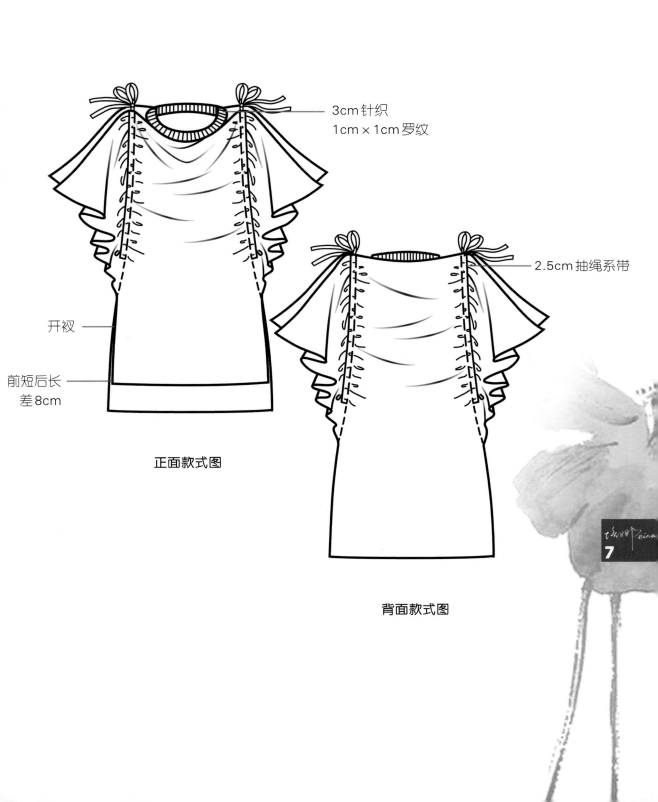

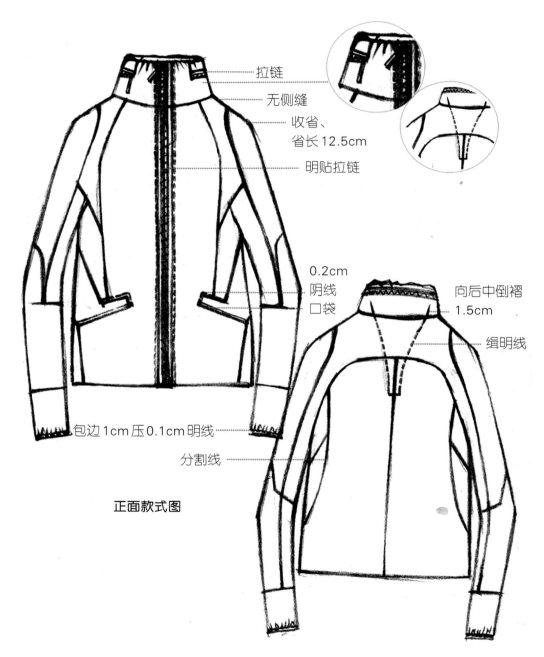

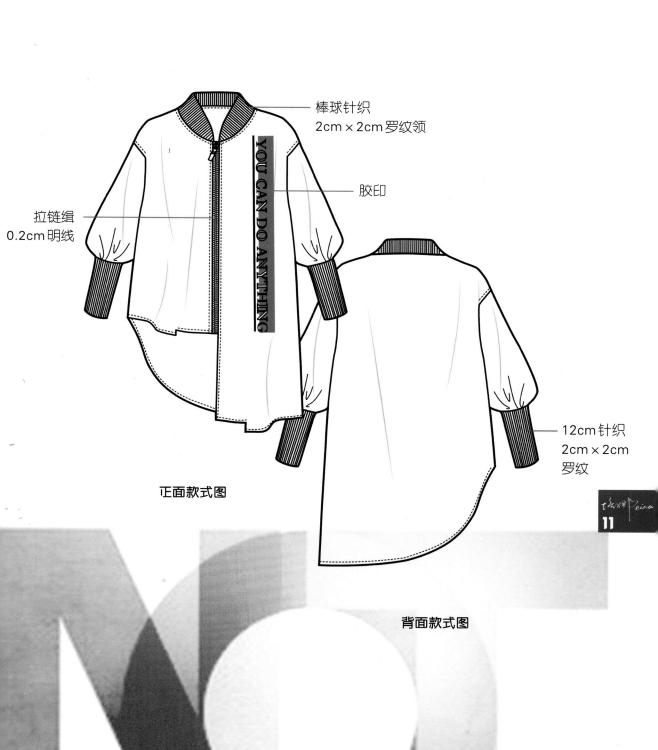

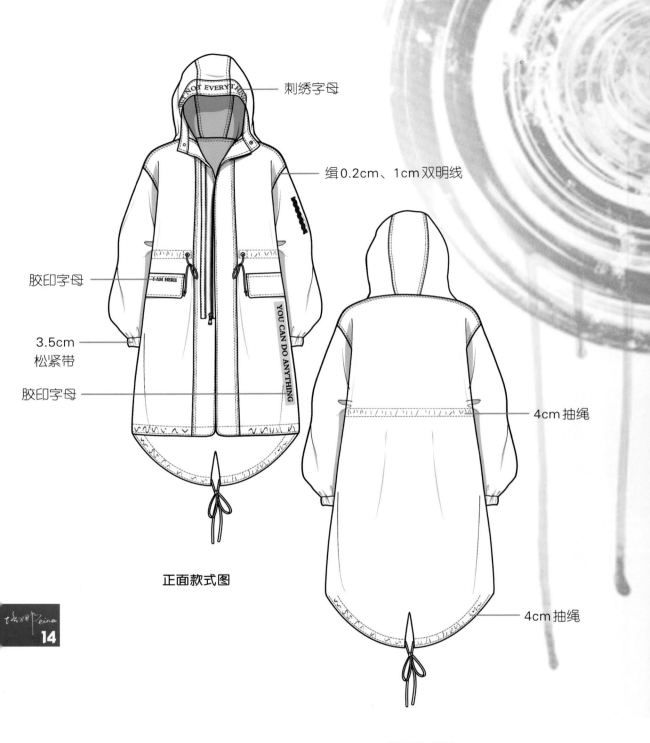

正面款式图

背面款式图

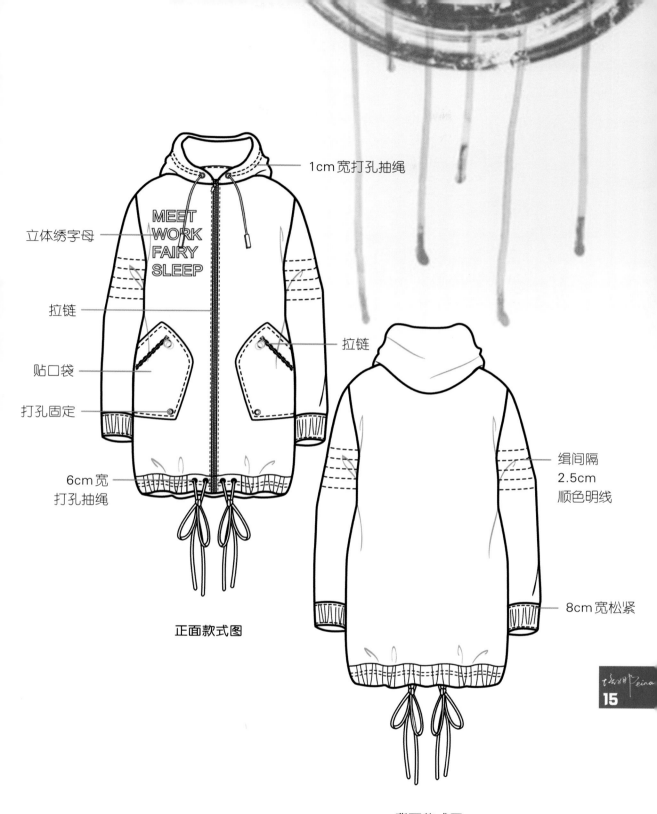

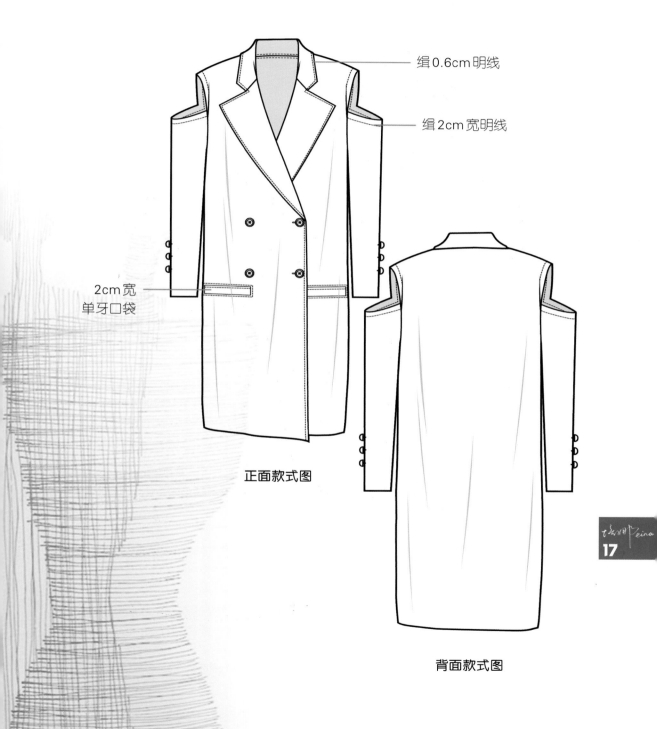

包边处理

平绣

明贴口袋

缉0.5cm明线

正面款式图

袖口开衩

背面款式图

叠加波浪装饰

数码印花

正面款式图

0.6cm 包边

背面款式图

捏碎褶

分割线

分割线

自然堆褶

正面款式图

背面款式图

正面款式图　　背面款式图

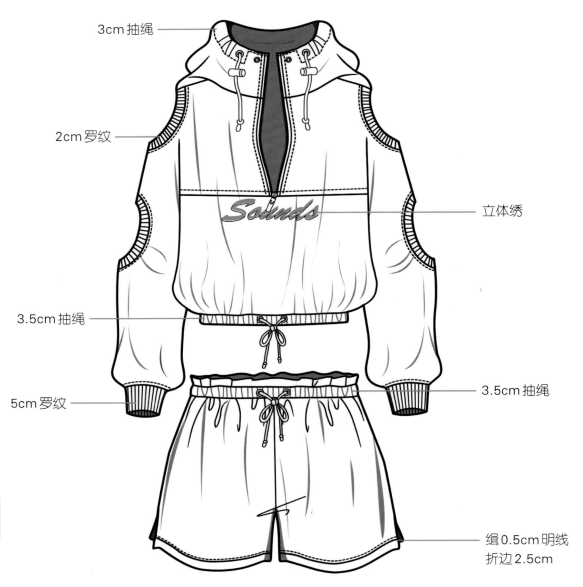

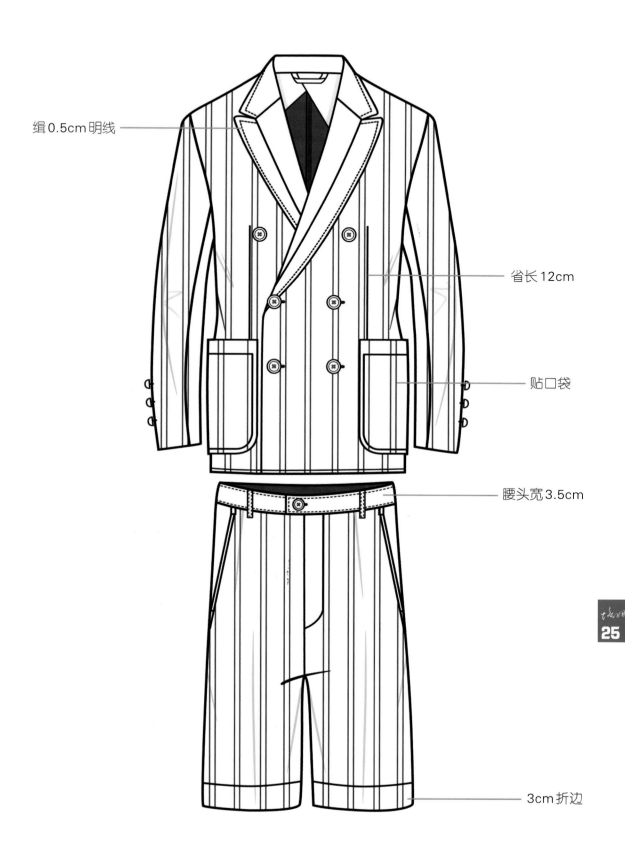

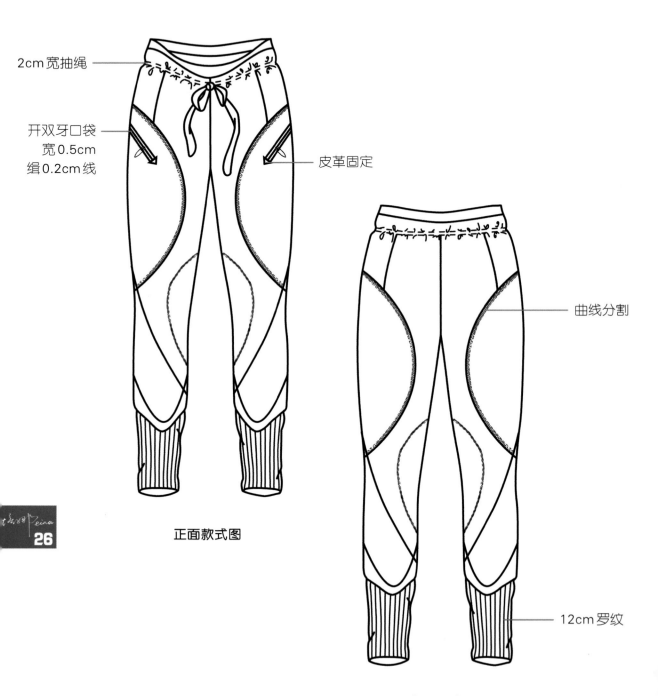

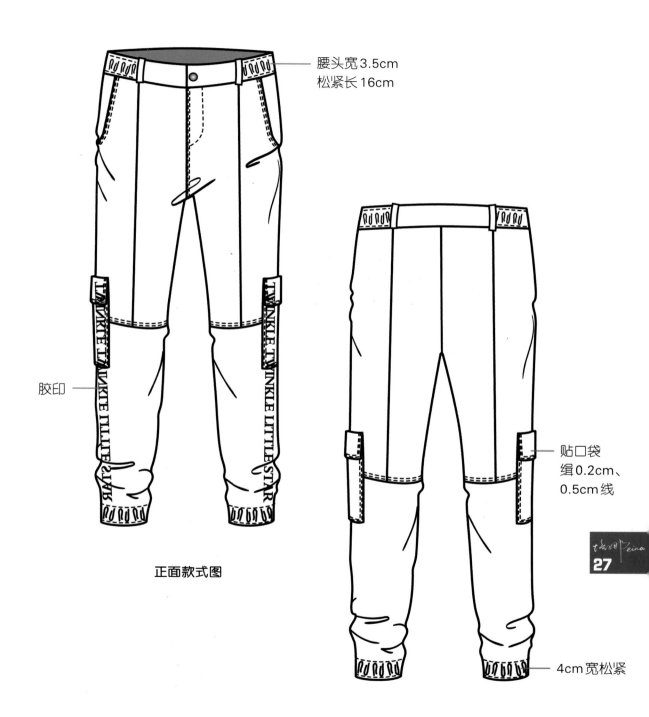

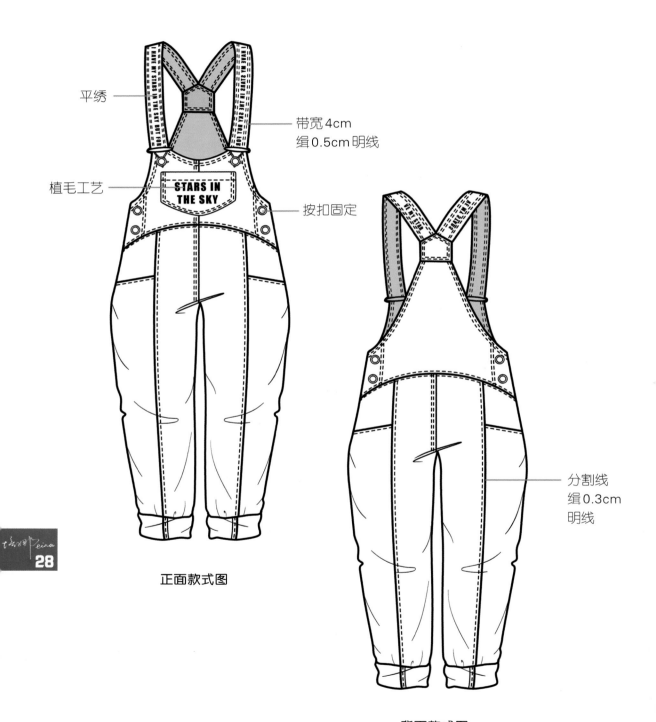

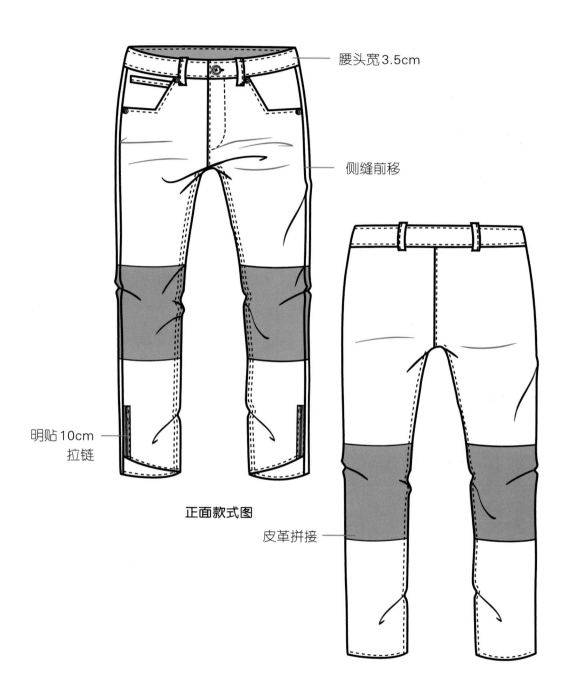

腰头宽3.5cm

侧缝前移

明贴10cm
拉链

正面款式图

皮革拼接

背面款式图

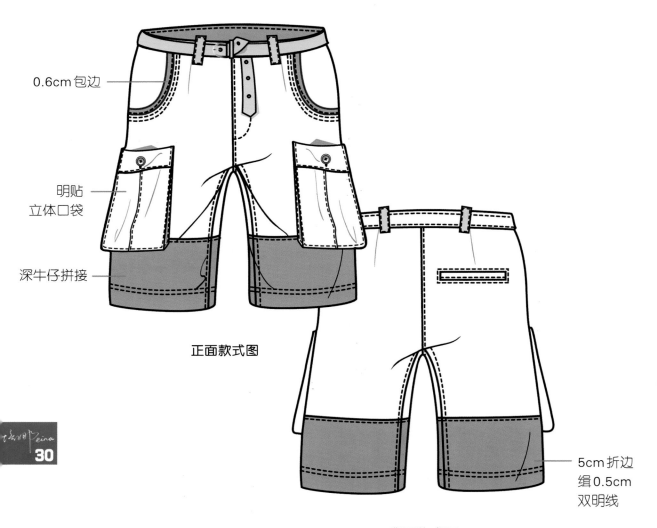

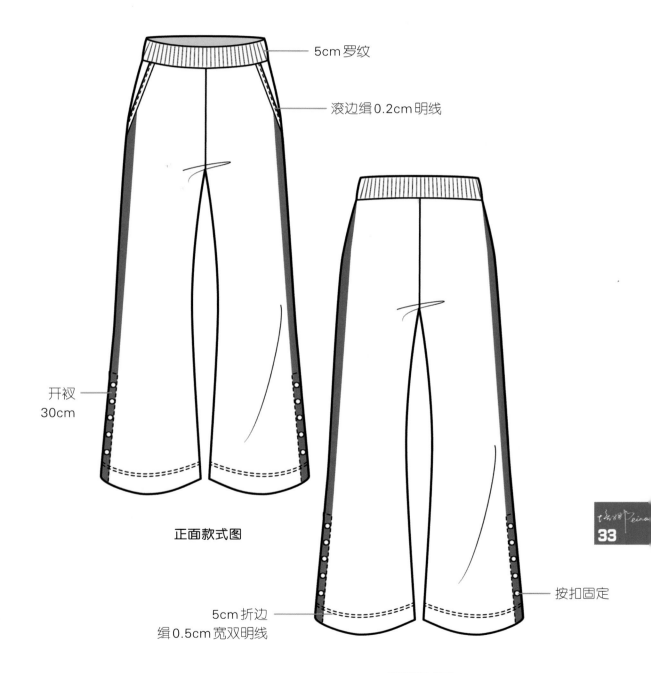

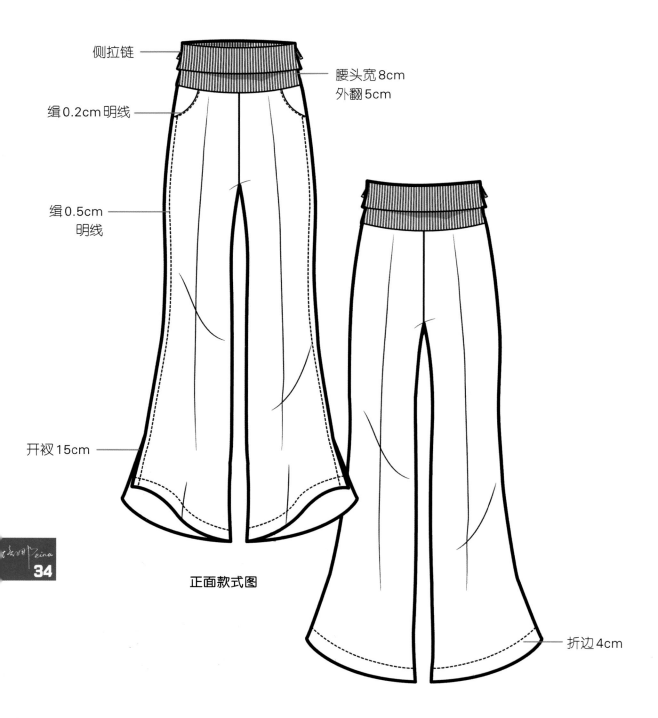

正面款式图　　背面款式图

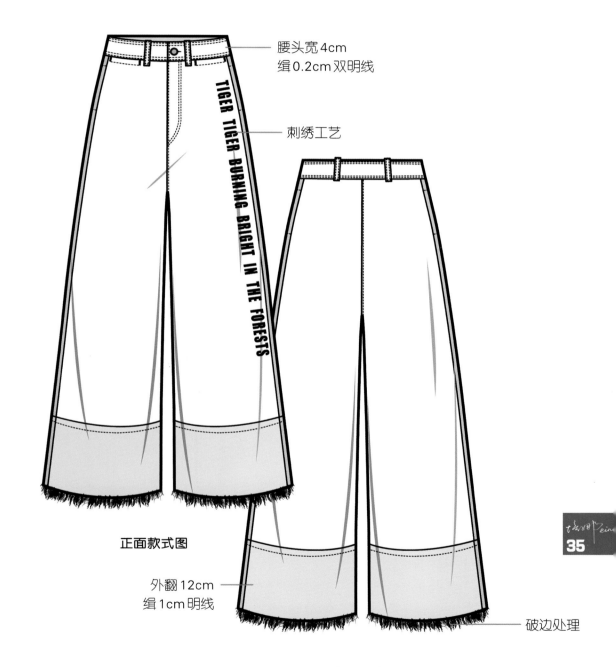

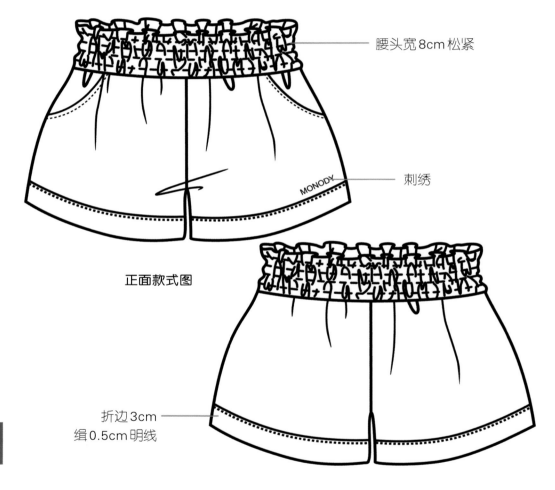

正面款式图

背面款式图

腰头宽8cm松紧

刺绣

折边3cm
缉0.5cm明线

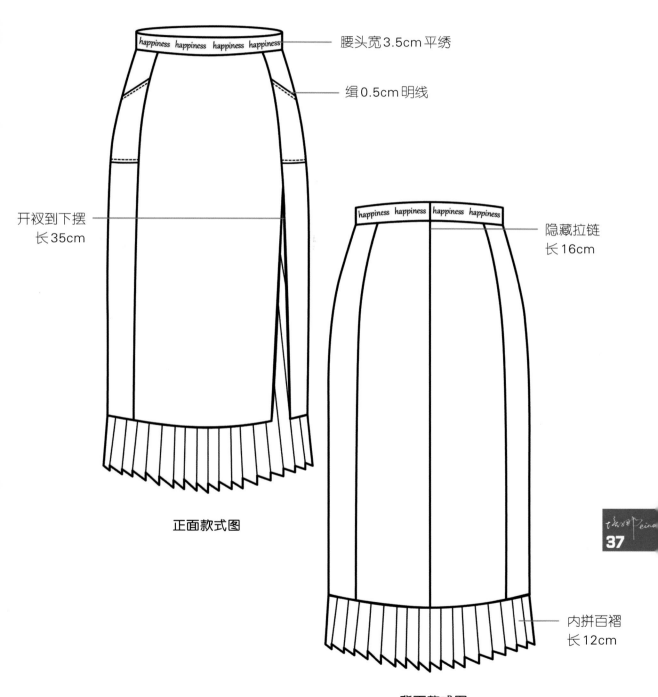

服装效果图与款式图对照

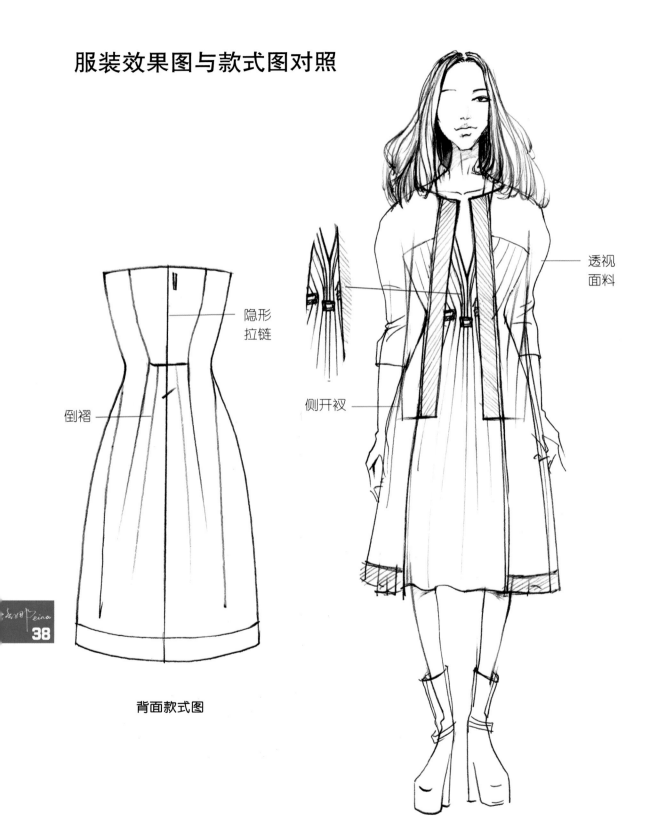

隐形拉链
倒褶
透视面料
侧开衩
背面款式图

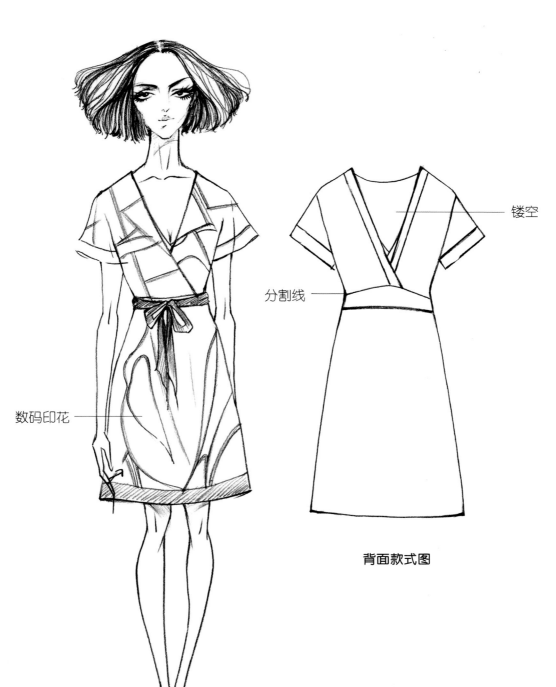

镂空

分割线

数码印花

背面款式图

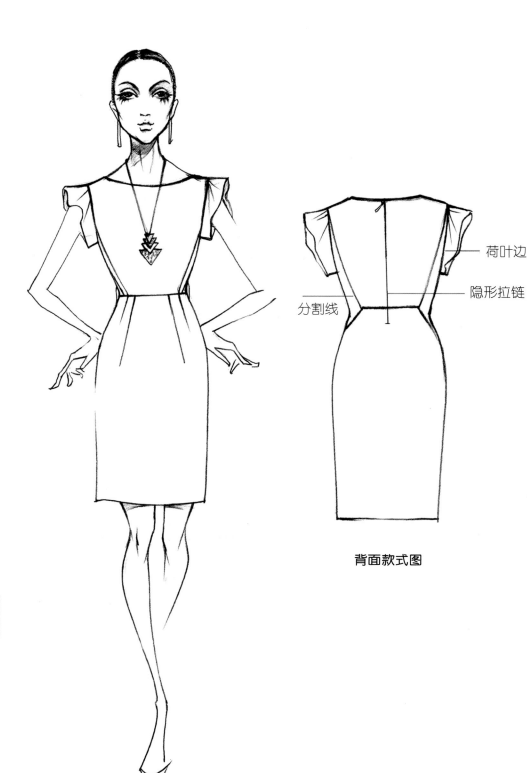

荷叶边
隐形拉链
分割线

背面款式图

色块拼接

分割

皮草

背面款式图

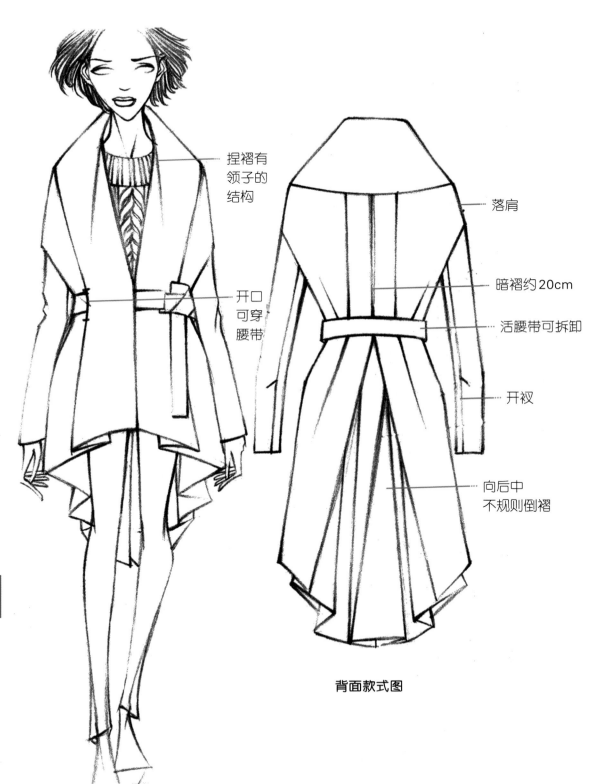

背面款式图

背面款式图

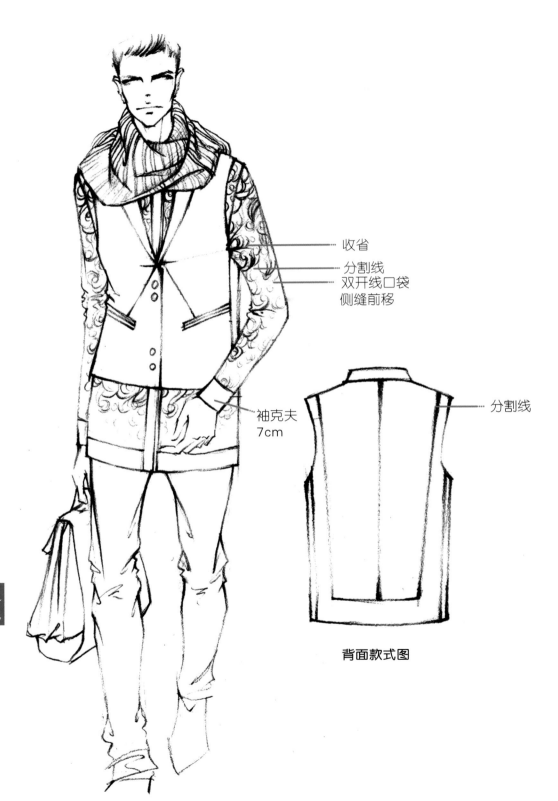

背面款式图

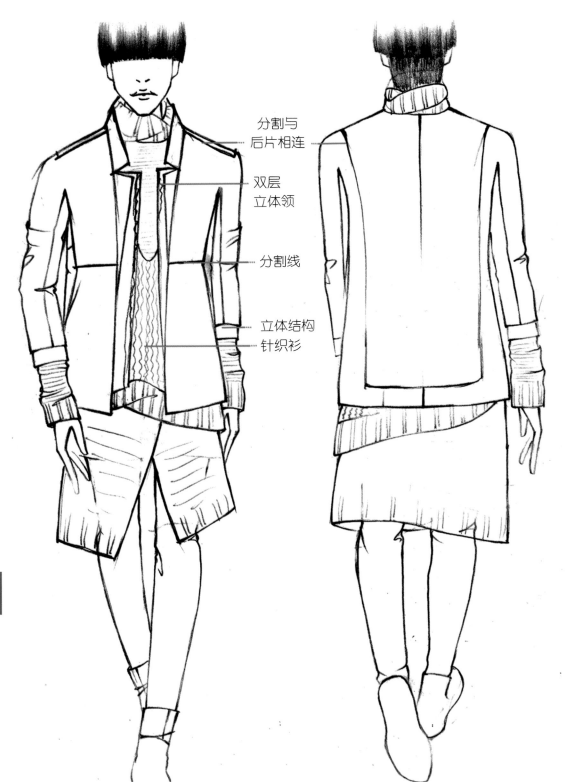

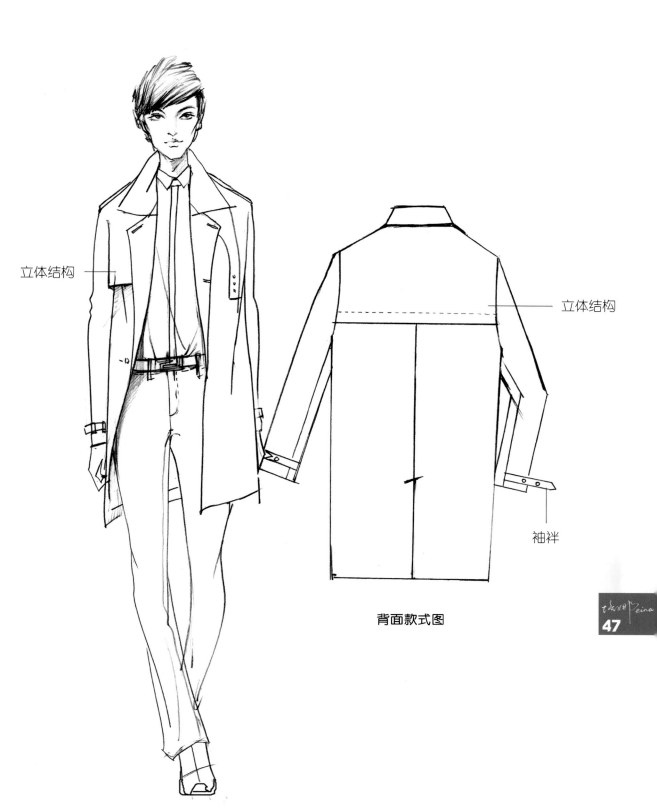

背面款式图

条纹针织

背面款式图

拉链

色块拼接

背面款式图

背面款式图

CHAPTER 02　服装创意设计

灵感来源与创意设计

红白蓝三部曲。
Red, White and Blue.
(Trois couleurs)

5℃阳光。
5℃ Sunshine.

小处着手，大处着眼。
Make the whole into consideration,
but do the job bit by bit.

很遗憾，世界博览会无法在森林里举行。
Unfortunately, the World Exposition cannot be held in the forest.

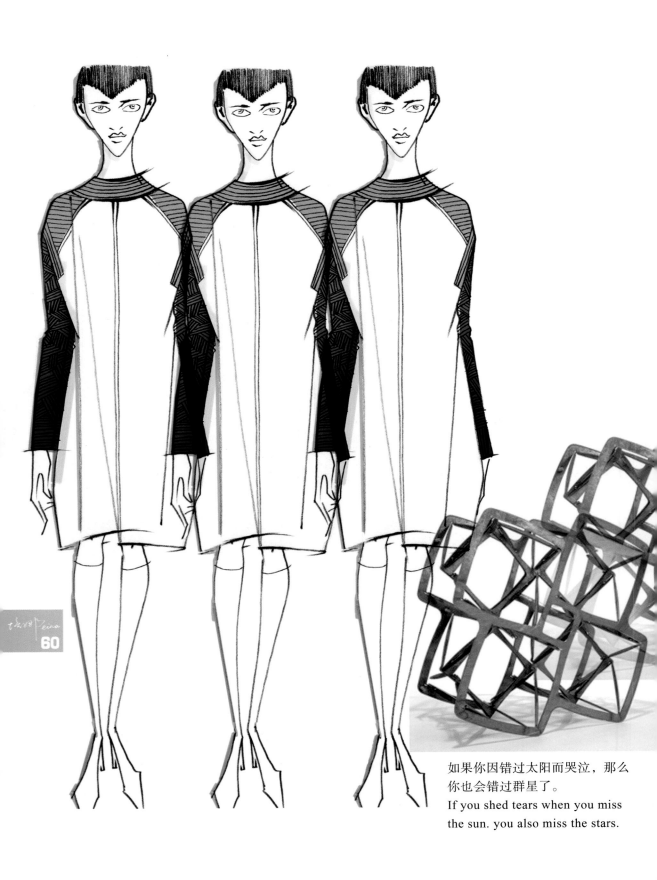

如果你因错过太阳而哭泣,那么你也会错过群星了。
If you shed tears when you miss the sun. you also miss the stars.

日常生活中，似乎到处都充斥着设计：板凳、电视屏幕、可乐瓶、羽毛、灯具、睡衣、桌垫等等，这些的确都是设计的产物。
In our daily life, products of design can be found everywhere, such as benches, TV screens, coke bottles, feathers, lamps and lanterns, pajamas and table mats.

我的忧思缠绕着我，问我它自己的名字。
My sad thoughts tease me asking me their owm names.

我旅行的时间很长,我的旅途也很长。
The time that my journey takes is long and the way of it is long too.

花有万种姿态，鱼儿常组成各种队形，一万双蝴蝶为什么就有着一万双不同的翅膀。

One kind of flowers has its own beauty, and one kind of fish swims in its special shape. Yet why 10,000 butterflies have 10,000 different pairs of wings.

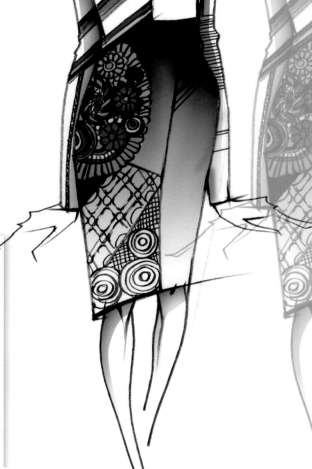

植物为了繁殖,历经数亿年,终于进化出了"花"的形态。
For reproduction, plants have evolved into the 'flower' pattern after several hundred million years.

设计不是一种技能，而是捕捉事物本质的感觉能力和洞察能力。
Design is not a skill, but rather the ability of sentience and insight to capturing the essence of things.

尚未被利用的自然。
Undeveloped nature.

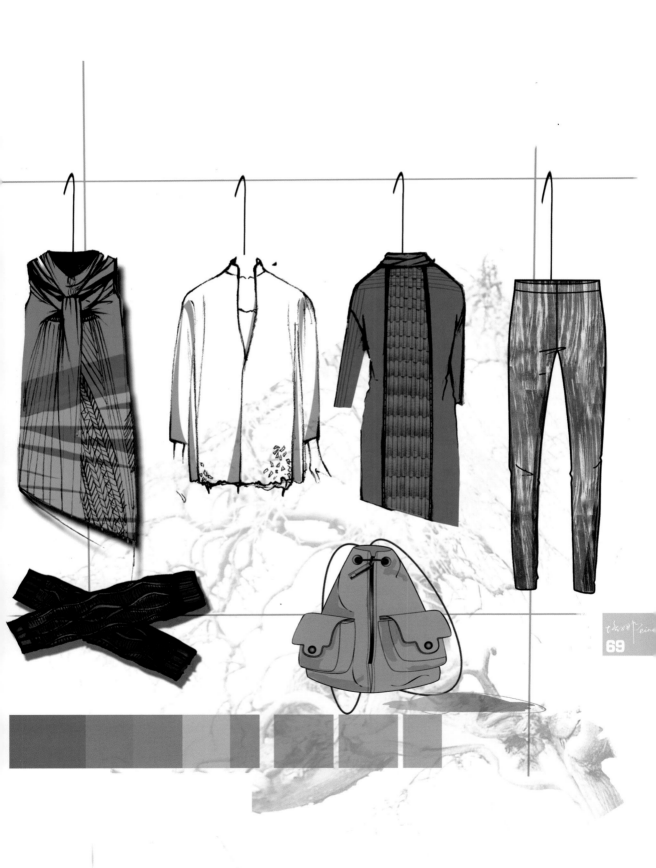

幽默所代表的是层次极高的理解。人们如果不理解内容，是笑不出来的。
Humor asks for a complete understanding. Without it, one can't smile.

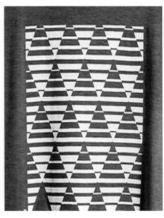

创造性的头脑，简单来说，不会将一只空碗视为无价值的物品，而是视之为正处于一种过渡状态，等待着终将去填充它的内容。
The creative mind, simply speaking, would not consider a bowl as a worthless vessel, but see it in the transition waiting to be filled finally.

古人不见今时月，今月曾经照古人。明月是明朗之月，明时之月的意思。时空穿梭，人同此心，内衣是女性的情感表达，心通此理。明月荷塘之夜更易引起女性的情感联想。本系列采用明式荷花图案作为造型元素，写意荷叶的绿色为基调，雕花图案为肌理效果和工艺手法。定位于喜欢传统风格的知识女性。体现女性清新、自然、柔美的内心情感。

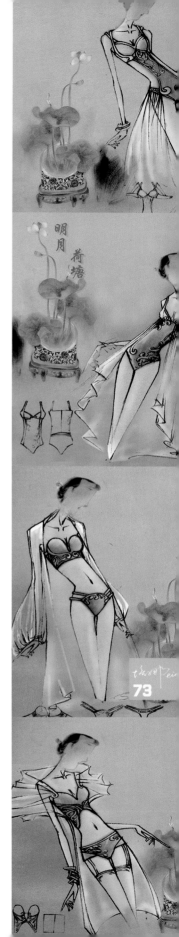

灵感来源于
蒋捷词作《一剪梅》
"流光容易把人抛，红了樱桃，绿了芭蕉"
的愁绪一直是名门深闺的必读致辞。
本系列运用明式家具的细部结构作造型元素，
结合书画的笔墨色彩，
结合传统的真丝绸和纱为主要面料，
配明式刺绣图案工艺，
植入多种中华文化元素
定位于30～45岁时尚知识女性，
体现她们浪漫多情、古今兼蓄的人文素养。

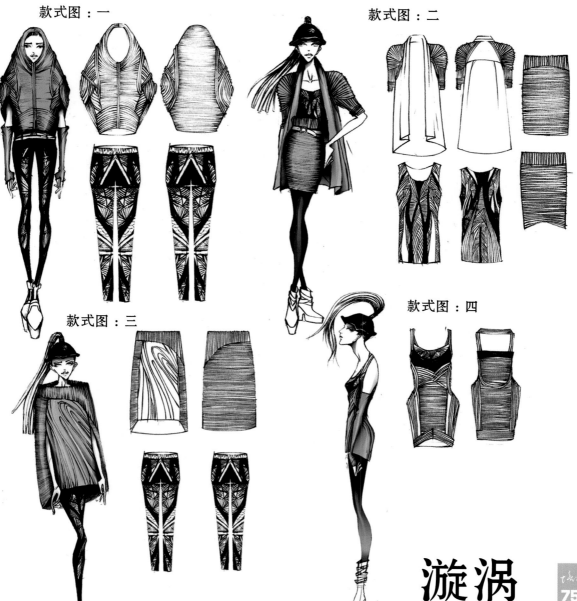

作品主题：**漩涡**

设计说明：灵感来源于漩涡中出现的现象而产生的立体效果，以抽象的形式运用在服装上，以简洁、自然的服装廓形，以蓝灰为基本色调，配以灰色和黑色，采用针织羊绒，以解构的手法来诠释本系列，诠释女性大气、时尚、帅气的着装品位。

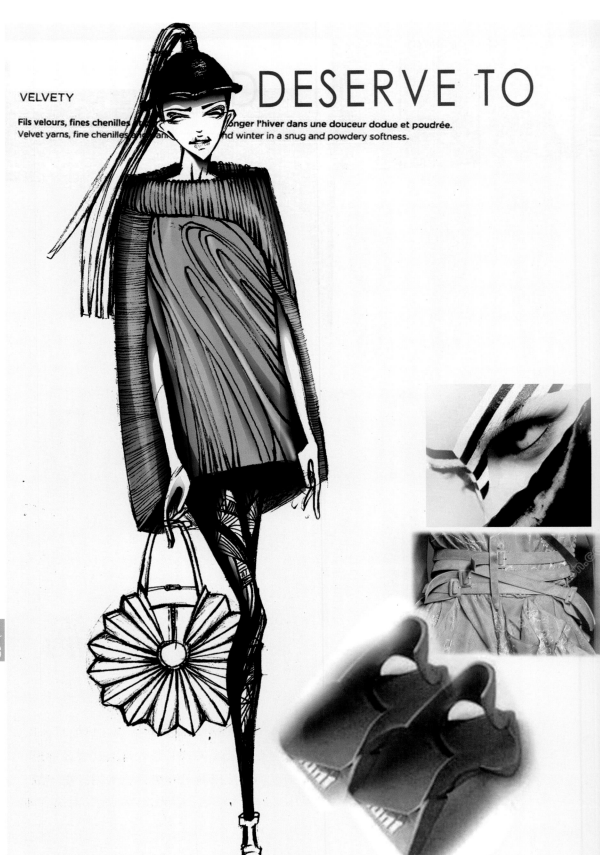

DESERVE TO

VELVETY

Fils velours, fines chenilles ... onger l'hiver dans une douceur dodue et poudrée.
Velvet yarns, fine chenilles ... and winter in a snug and powdery softness.

漩涡

INSPIRATION

Laque, vermillon, or, bleu dur et fusain, les pigments purs et vibrants contrastent fortement avec les neutres bruts ; ficelle, mastic et terre brûlée, dans un esprit primitif. En points nets et serrés, façon tissage ou vannerie, les fils secs et fibreux : lin, chanvre ou raphia, structurent pulls et vestes aux volumes boîtes. En all-over ou décor placé, les t-shirts se couvrent de signes tribaux, symboles rituels, inscriptions primitives et animaux totémiques bicolores et graphiques.
L'Argyle voyage au pays des kilims, les los loge rayures et chevrons se fondent pour eur eur eur vestes et tuniques.
Rayures métallisées, broderit oderit oderit ora vanisées rutilantes, clous, clous, clous, clous, clous de la majesté aux décox décox décox décox décox design moderne, graph graph graph graph graph la mode renoue avec le vec le vec le vec le vec lo

quer, vermilion, gold, haeld, haeld, haeld, haeld, vibrant pigments strongly contrast eutrals, string, putty and burnt earth, e edge.
ght stitches, like weaving or y and fibrous yarns-linen, hemp re, boxy jackets and sweaters. aced decoration, T-shirts are covered two-tone tribal signs, ritual symbols, writing and totemic animals.
yle travels to the land of kilims, diamonds, stripes and chevrons merge and enrich jackets and tunics. etallic stripes, precious embroidery, gleaming ated rib, jewel-studs, metal makes decoration Between primitive arts and modern ic and fla e t, fashion revives

colour

Variations nuæ nuances d'aquatinte ; éées et oxydées, sombres veloutés et pastels naissants pour des tenues de soirées à porter de jour. Atmosphère surréaliste et lyrisme noir pour smokings et mini-robes de tulle, dentelles et satins gravés, façon M M Ernst.

エッチング

アクアチント（腐食銅食銅食銅æの色のバリエーション。
インク調、変色、ベルベベルッダーク、
夜明けのようなパステル・・・
デイタイムのイブのイブニングウェアに向けたカラー。
タ上はチューはチュールやレース、
えおぉビスドドレスに展開するシュールで叙情的なブラック。
マルルス・エルンストの作品を彷彿させる。

Variations on the colors of aquatints; inky and tarnished, velvety darks and dawn-like pastels... for evening outfits to wear during the day. A surrealistic and lyrical black atmosphere for tuxedosdosdosdi-dresses in tulle, lace and sat satiengraved in a Max Ernst vein.

01
02
03

FA BRIC

THROUGH A MAGNIFYING GLASS

Jouer la fantaisie en relief spectaculaire avec des gros fils : rubans, fils gainés, chenilles... rassurants par leur ... légers comme une plume.
Play with fantasy in spectacular textures with thick yarns: tape, sheathed yarns, chenille... with reassuring thickne.. as a feather.

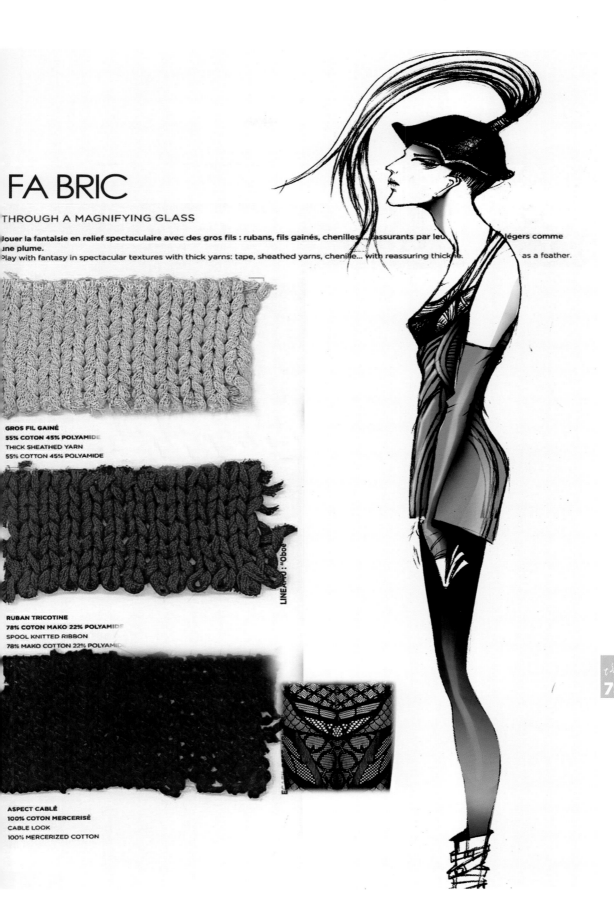

GROS FIL GAINÉ
55% COTON 45% POLYAMIDE
THICK SHEATHED YARN
55% COTTON 45% POLYAMIDE

RUBAN TRICOTINE
78% COTON MAKO 22% POLYAMIDE
SPOOL KNITTED RIBBON
78% MAKO COTTON 22% POLYAMIDE

ASPECT CÂBLÉ
100% COTON MERCERISÉ
CABLE LOOK
100% MERCERIZED COTTON

设计师创意作品及款式图对照

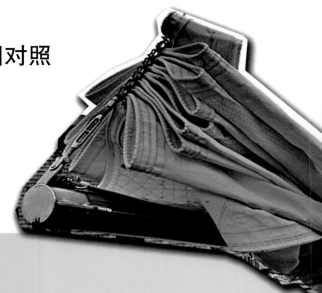

设计师 Lutz Huelle：

- 设计师 Lutz Huelle 来自德国，毕业于伦敦圣马丁设计学院。
- 卢兹（Lutz）曾在马丁·马杰拉（Martin Margiela）的公司工作了三年，其间主要负责毛织类服装和手工艺线的生产。
- 2000年创立了自己的品牌"Lutz（卢兹）"，品牌以他的名字命名，主要以女装成衣系列为主，他的设计有着解构的韵味，也带着强烈的个人标签。卢兹（Lutz）十分具有创新意识，风格独树一帜，透过解构重组，将利落的剪裁和不对称的衣服巧妙结合，同时又不乏实穿性。
- 2000年卢兹荣获 Andam 荣誉大奖和伊夫·圣·洛朗高级时装奖励基金。
- 2002年，他又再次获得了 Andam 奖和 Henri bendel 奖。Frac 买下了他两个连续系列的作品。卢兹至2002年一直是法国时装公会的成员。
- 2004年，Frac 在法国兰斯展出卢兹前10季作品发布回顾展，此次展览由 Encens 杂志社组织。
- 2004年7月，受 ALTAROMA——意大利时装协会的邀请，卢兹参加了罗马举办的高级女装发布会。
  2004年11月，受法国高级时装协会的邀请，卢兹在中国北京参加联合发布会。另外，他被邀请参加瑞士卢塞恩葛旺时装节并同时获得了 Ackemann 成衣大奖。
- 最近的一次发布会是2005年11月的巴黎时装周，地点是皮尔卡丹艺术中心。
- 卢兹现在仍是伦敦圣马丁设计学院、英国皇家艺术学院和德国柏林艺术大学的教授，同时也是意大利 Max Mara（马科斯·玛拉）和日本 Muji（无印良品）公司的顾问。

折起来的帆
Fold up of the sails

褶皱在衣服底边
Wrinkle on the bottom of the clothes

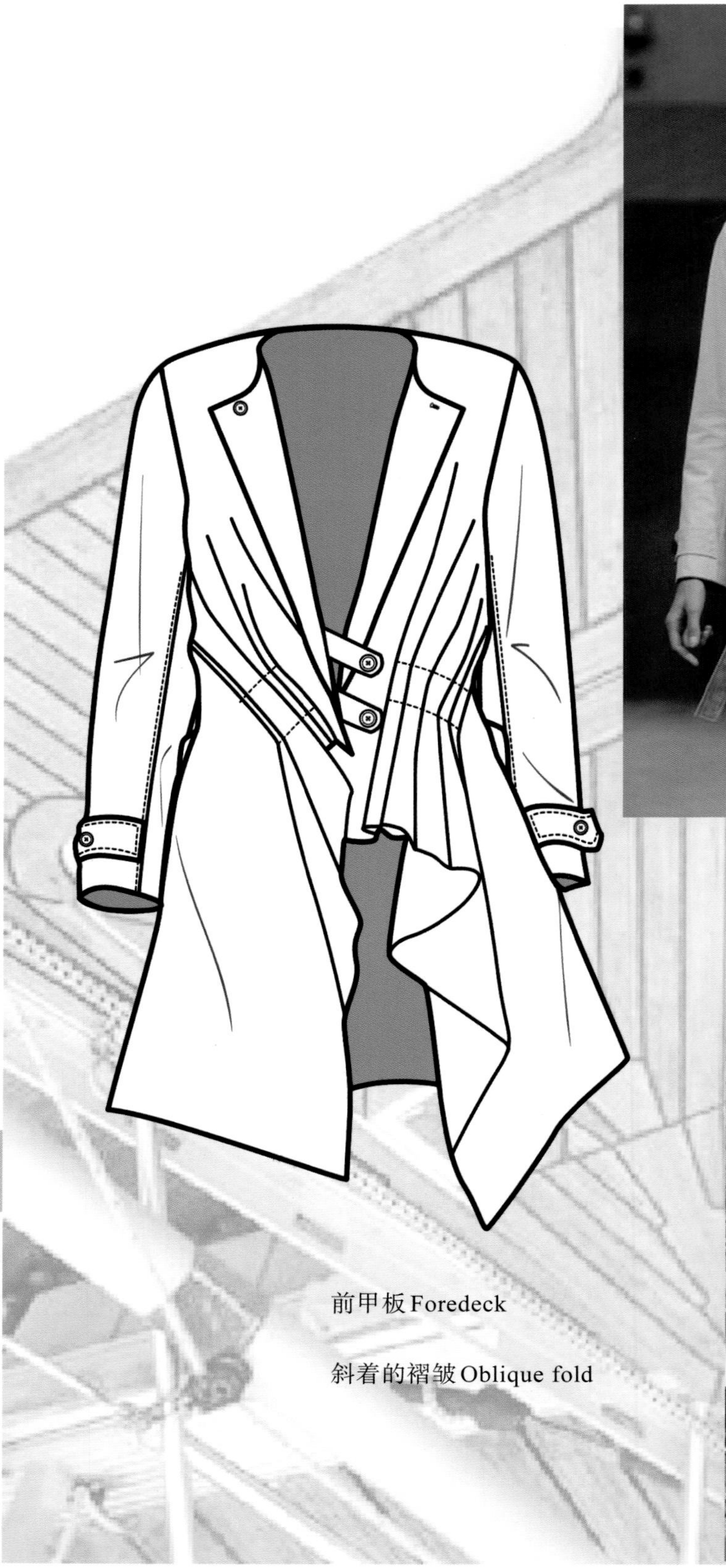

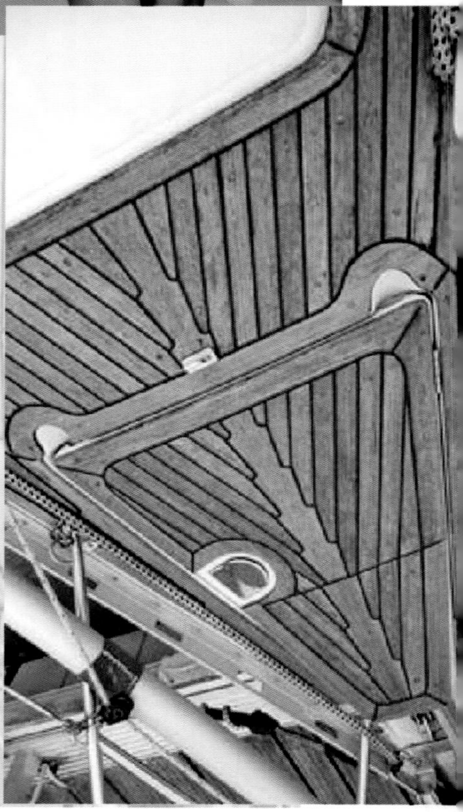

前甲板 Foredeck

斜着的褶皱 Oblique fold

悬挂的帆
Suspended sails

悬垂褶皱
Drape of drape

船头的帆,三角帆
a ship's sails——Lateen sails

简单不对称
Simple asymmetry
袖窿和裙子的底边
The bottom of a armhole and skirt

下降的帆
A falling sail

水平的和垂直的褶皱游戏
Horizontal and vertical fold games

折起来的和下降的帆
Folded and descending sails

水平的和垂直的褶皱游戏
Horizontal and vertical fold games

海上的太阳反光
The sun's reflection on the sea

印染
printing and dyeing

下降的帆
A falling sail

柔软的褶皱
Soft folds
(领子处的细节 Details of the collar)

甲板上的储物箱
Storage tank on deck

激光网状裁片
Laser reticulation

帆的图纸
The drawing of the sails

激光裁片
Laser cutting plate

春天把花开过就告别了。
如今落红遍地,我却等待而又流连。
The spring has done its flowering and taken leave.
And now with the burden of faded futile flowers
I wait and linger.

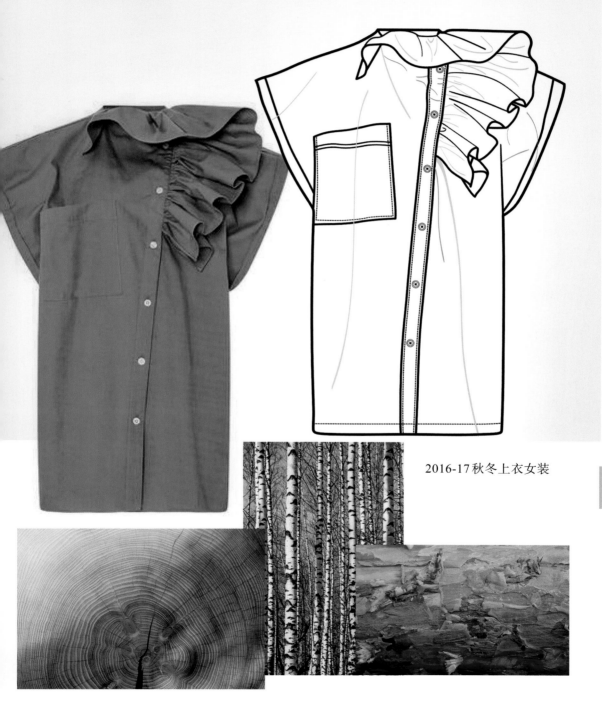

2016-17秋冬上衣女装

秀场 Furfur 2018-19AW 东京女装

我所有的幻想将燃烧成快乐的光明，我所有的心愿将成熟为爱的果实。
All my illusions will burn into illumination of joy,
and all my desires ripen into fruits of love.

2016 Chloe（蔻依）巴黎时装周春夏系列之一

黑夜深沉，屋舍宁静，小鸟的巢穴也深睡在黑夜中。
The night is deep, the house is silent, the bird's nests are shrouded with sleep.

果实的贡献是珍贵的，花儿的贡献是甜美的。
The service of the fruit is precious, the service of the flower is sweet.

viktor&rolf秋冬高定时装秀

2016春夏东京（Tricot Comme des Garons）
女装高级成衣发布会

夜的静谧，如一盏深沉的灯，银河便是它燃起的灯光。
The night' silence, like a deep lamp,is burning with the light of its milky way.

从世界的转动中寻找你的美吧，就如那小舟拥有风与水的优雅一般。
Find you beauty from the world's movement ,like the boat that the grace of the wind and the water.

2016早秋女装伦敦preen系列

xander zhou

我的引导者啊，在光明逝去之前，引我到宁静的山谷里去吧。
Lead me, my Guide, before the light fades, into the valley of quiet.

超模kendall jenner演绎日本版《vogue》杂志

那里，心是无畏的，头也是高昂的。
Where the mind is without fear and the head is held high.

2018早春度假系列 Sachin&Babi

你在万物的内心深处藏匿着,滋养着发芽的种子。
Hidden in the heart of things thou art nourishing seeds into sprouts, buds into blossoms.

2017 Albino秋冬时装发布

晨光铺满了天际,我前面的路是美好的。
Sky is flushed with the dawn and my path lies beautiful.

marc jacobs 2016早春度假系列

万物不变，是我们在变。你的衣服可以卖掉，但要保留你的思想。
Things do not change;we change.Sell your clothes and keep your thoughts.

你为我编织的茉莉花环让我像被赞扬了一般心扉荡漾。
The jasmine wreath that you wove me thrills to my heart like praise.

秀场Furfur 2018-19AW 东京女装

心灵在你的指引下，走向那不断扩展的思想与行为。
Where the mind is led forward by thee into ever-widening thought and action.

Anne Sofie Madsen

荷叶边来袭 n.21 2015秋冬米兰时装周

我坚信荷花的百瓣不可能永远闭合。
I surely know the hundred petals of a lotus will not remain closed for ever.

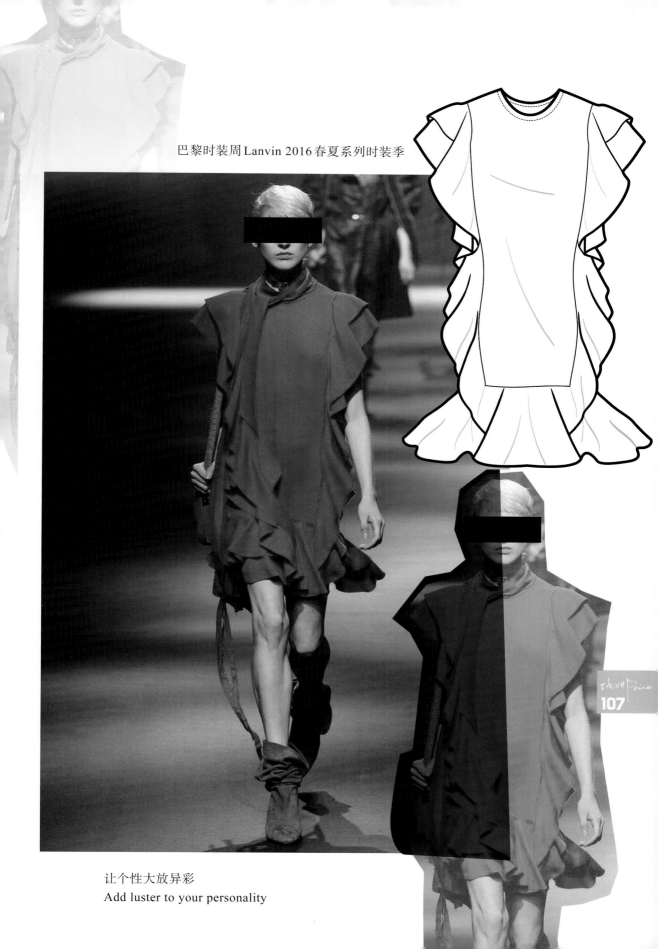

巴黎时装周 Lanvin 2016 春夏系列时装季

让个性大放异彩
Add luster to your personality

CHAPTER 03　设计企划

异域藏密

关键词：异域风、自然、简约、重构、包容

构成主义

关键词：数字、拼贴、后立体主义、紧凑性

Georges Braque

欧普构成

Linear

关键词：简约、不规则、黑白色、线条

主题灵感
THEME OF INSPIRATION

现实世界与梦想通过一条狭路相适，我们的心已经太疲惫，渴望着一场心情之旅。

一场心情之旅

关键词：现实、梦想、唯美、民族与时尚、现代与传统

现实、梦想，狭路相逢，心已疲惫，渴望一场心情之旅！
土地、居民、服饰、方言、民俗……种种奇遇，莫名的感动。迥异的风俗矛盾地碰撞，给人强大视觉冲击力，让人有时光穿梭的无限遐想！

色彩
COLOR

关键词：梯田过渡绿、僧侣紫、黑白、金箔色、薄雾蓝

配饰
ORNAMENT

系列创意设计一
　　贝聿铭的静物
　　　　（精致通勤线）

生活方式

生活方式：偏爱艺术格调的空间感，网络虚拟与现实的穿越者，多领域的跨界工作者。

角色描述：白领职业阶层的主体是25～40岁之间的人群，对这些白领来说，高收入的工作机会和高品质的生活方式同等重要，她们追求内心的自由解放，喜欢旅游，坚持特立独行的生活方式，用对生活和艺术的热爱对不同场景穿的服装有不同的高品质要求，有不断追求时尚的灵魂。

灵感
INSPIRATION

关键词：简约、不规则结构、精致、建筑轮廓

现实中，很多人都是两点一线的生活，每天面对的是灰冷的建筑，钢筋与水泥，忙碌于职场之间。灵感来源于贝聿铭的建筑设计。他的设计简约、大气，有许多的不规则造型，线性感强。

色彩
COLOR

关键词：黑白色、岩石灰、工业蓝

面料
FABRIC

关键词：宾霸（材料名称铜氨丝）、真丝绡、羊毛、羊绒

花版工艺

关键词：结构、立体、廓形、线性

系列创意设计二
　雨落进夜的城
　　（文艺线——触觉）

生活方式

生活方式：艺术家，从事艺术设计，喜欢新鲜事物，如音乐家、画家、设计师等职业。

角色描述：从事艺术行业、自信、自然、优雅、大方的现代女性。她们大多接受过高等教育，接受过高品质的文化熏陶，有自己的生活追求。

灵感
INSPIRATION

关键词：触觉、文艺、民俗

大量的黑白灰色系、穿插民族色对比，体现时尚与民族、现代与传统的结合！

色彩
COLOR

关键词：僧侣紫、金箔色、薄暮蓝、黑白色

面料
FABRIC

关键词：拉慕斯、宾霸、纯天然亚麻棉

花版工艺

关键词：刺绣、破边、印花

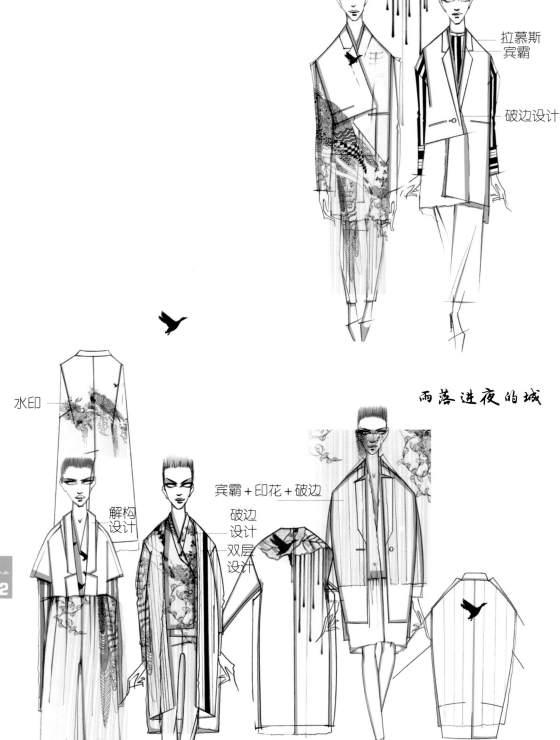

拉慕斯宾霸

破边设计

雨落进夜的城
（款式图）

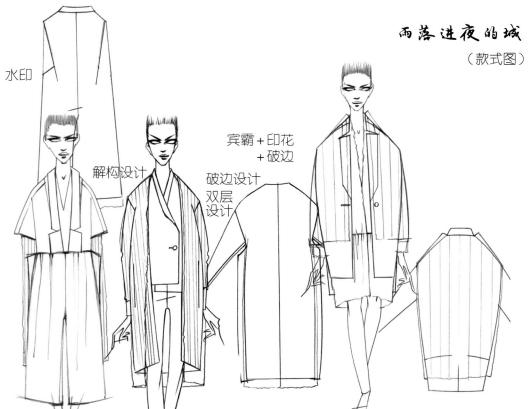

水印

解构设计

宾霸+印花+破边

破边设计 双层设计

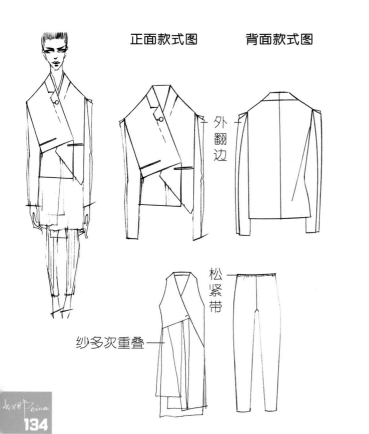

正面款式图　背面款式图

外翻边

松紧带

纱多次重叠

（内搭）款式图

拉慕斯　破边设计

正面款式图　背面款式图

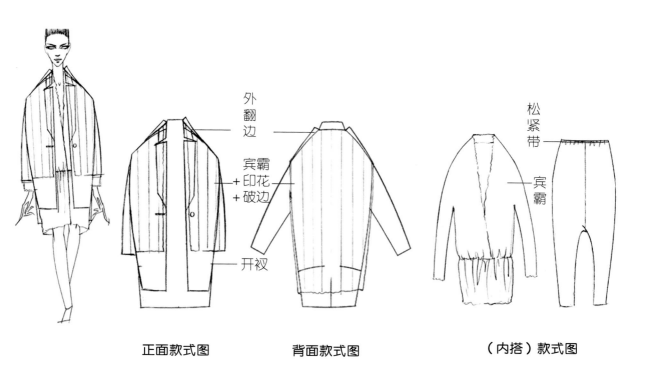

正面款式图　　背面款式图　　（内搭）款式图

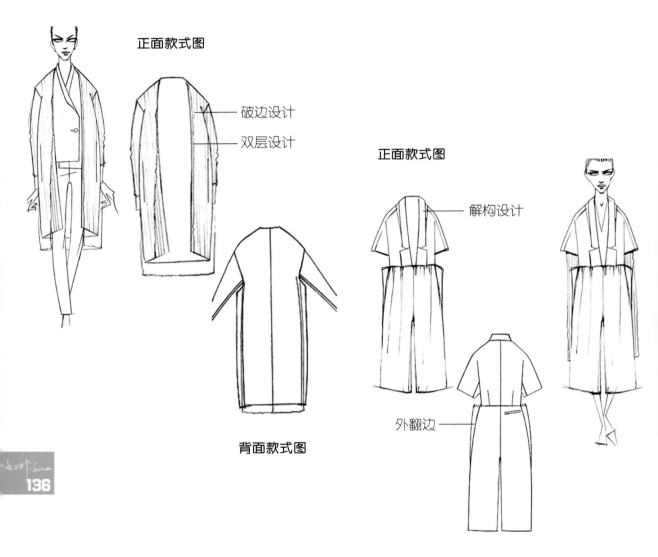

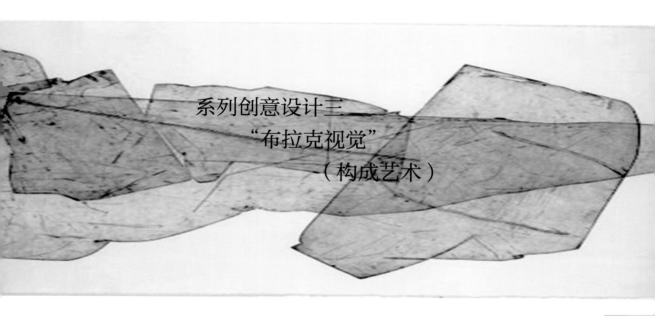

系列创意设计三
"布拉克视觉"
（构成艺术）

灵感
INSPIRATION

关键词：数字、拼贴、后立体主义、紧凑性、解构、平衡

灵感来源于布拉克的绘画作品。布拉克的作品多数为静物画和风景画，画风简洁单纯，严谨而统一。
他的设计简约、解构，有许多的不规则造型但在视觉上可找到平衡点，擅长将字母及数字引入绘画，善用拼贴。

色彩
COLOR

关键词：岩石灰、薄暮蓝、柠檬黄、孔雀绿

面料
FABRIC

花版工艺

关键词：胶印、激光雕花、拼贴

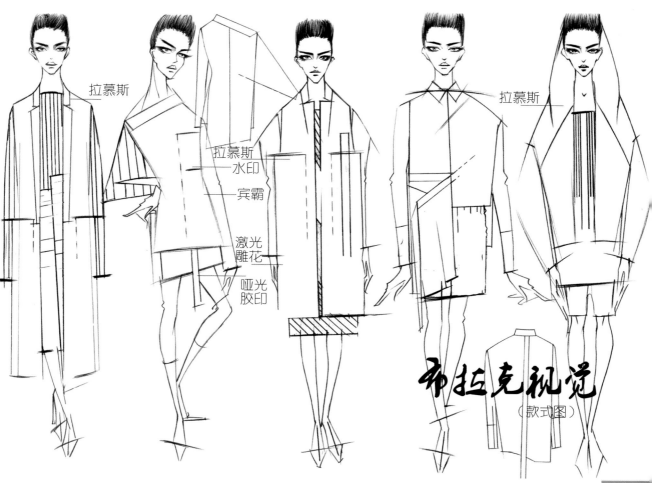

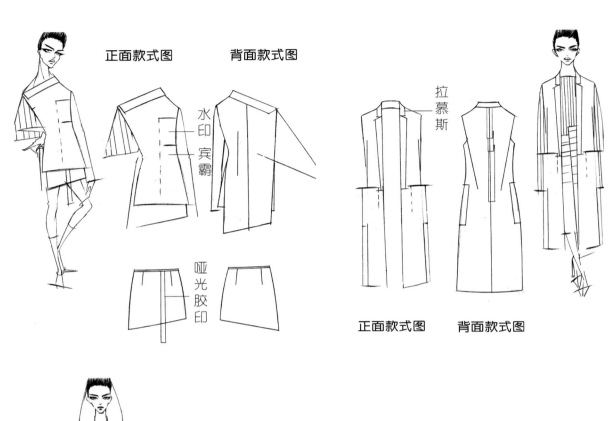

正面款式图　　背面款式图　　水印宾霸　　哑光胶印　　拉慕斯　　正面款式图　　背面款式图

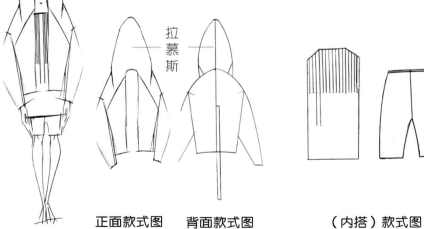

拉慕斯　　正面款式图　　背面款式图　　（内搭）款式图

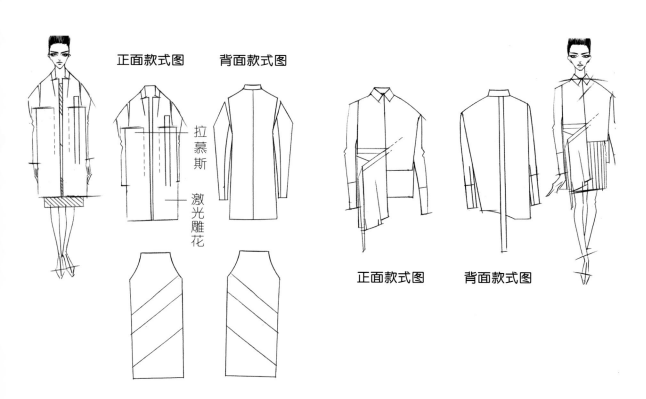

正面款式图　　背面款式图

拉慕斯　激光雕花

（内搭）
正背面款式图

正面款式图　　背面款式图

CHAPTER 04　PEINAXI原创设计

/摄于伦敦

材质：涤复合网格
图案工艺：胶印
设计细节：外贴拉链
设计要点：采用连帽大廓型整体潇洒大方

不要让我错置于自己的世界，也不要让它反对我。
Let me not put myself wrongly to my world and set it against me.

少女啊,你的朴实,宛如湖水的碧绿,折射出你真理的深邃。
Maiden, your simplicity, like the blueness of the lake, reveals your depth of truth.

对我来说，黄昏的天，像一扇莹窗，一盏明灯，背后隐藏着等候。
The evening sky to me is like a window, and a lighted lamp, and a waiting behind it.

艺术就像一个全身针刺向外发射的仙人球，给人以万千感受，让灵魂受激。
Art is like a body acupuncture to launch the celestial being, give a person with myriad feelings, let the soul stimulated.

小花躺在尘埃中，它寻找着蝴蝶走过的路。
The little flower lies in the dust.It sought the path of the butterfly.

材质：棉针织（上衣左）
　　　涤棉（上衣右）
图案工艺：胶印龟裂（左）
　　　　　机刺绣（右）
设计细节：破边工艺
设计要点：时尚中带一些传统元素

"谁如命运似地鞭策我前进呢？"
"是我自己，在身后大步向前走着"
"Who drives me forward like fate?"
"The myself striding on my back."

离你最近的地方，路程也最遥远。
It is the most distant course that comes nearest to thyself.

有一只眼睛从蓝色天空向我注视,似乎在无言地召唤我。
From the blue sky an eye shall gaze upon me and summon me in silence.

在我们的潜意识之中隐藏着一派田园诗般的风景。
Tucked away in our subconsciousness is an idyllic vision.

材质：棉针纱（左）、真丝（右）
图案工艺：水胶浆（左）、数码印花（右）
设计细节：高腰节
设计要点：服装整体宽松、写意

你已经带着这根小小的苇笛，
翻越了无数的山谷，
你已经从笛管里吹出永恒而常新的悦耳音调。

**This little flute of a reed thou hast carried over hills and dales,
and hast breathed through it melodies eternally new.**

我的黄昏从陌生的树林中走来,说着晨星听不懂的话语。
My evening came among the alien trees and spoke in a language which my morning sars did not know.

佳物不独来，万物同相携。
God's right hand is gentle, but terrible is his left hand.

材质：涤棉
图案工艺：胶印
设计细节：窄小领口、小立领、圆下摆
设计要点：时尚偏潮

永恒的旅客
Eternal Traveller

材质：亚麻
图案工艺：胶印
设计细节：连袖
中长门襟设计
设计要点：传统时尚

上帝在黄昏的暮色中,拿着我往昔的花到我这儿来。
God comes to me in the dusk of my evening with the flowers in his basket.

你的微笑是你自己花园里的花朵.
Your smile was the flowers of your own fields.

材质：羊毛、涤复合
设计细节：破边工艺
设计要点：超大廓型

太阳微笑着向我致意。
The sunshine greets me with a smile.

天刚蒙蒙亮，我就驱车开始了我的旅程，穿过茫茫的世界，在许多星球上都留下痕迹。
I came out on the chariot of the first gleam of light,and pursued my voyage through the wildernesses of worlds leaving my track on many a star and planet.

我们不是在休息,我们是在一次旅途中。
We are not at rest, we are on a journey.

材质:羊毛
设计细节:暗扣、棒球型小外套
设计要点:活泼、时尚

你不觉得有一阵惊喜和对岸遥远的歌声从天空中一同飘来吗?
Do you not feel a thrill passing through the air with the notes of the far-away song floating from the other shote?

咖啡的苦涩，人生的味道。
The bitter taste of coffee, the taste of life.

你这个笑得这样甜美、轻声细语的人，我用心灵而不是用耳朵来聆听它。
You who smile so gently, softly whisper, my heart will hear it, not my ears.

材质：羊毛
设计细节：不对称大口袋设计
设计要点：牛仔裙和纱的组合，
　　　　　以及羊毛大衣搭配。
设计要点：个性、新颖

快乐是一种意外的收获，
但保持快乐却是一种成就，
一种灵性的胜利。
Being happy is a sort of unexpected dividend. But staying happy is an accomplishment, a triumph of soul and character.

这个世界上只有一个你，人们都喜欢真实的你。
There's only one person in this whole world like you, and people can like you exactly as you are.

材质：针织杂色、羊毛外套大衣
设计细节：多种穿用衣法，可以作披肩也可门襟交搭。

在无尽快乐的约束里，我感到了自由的拥抱。
I feel the embrace of freedom in a thousand bonds of delight.

你心灵的深处难道没有快乐吗?
你每一次的脚步声,难道不会使道路的琴弦在痛苦中迸发出甜美的音乐吗?
Is there no joy in the deep of your heart?
At every footfall of yours,will not the harp of the road break out in sweet music of pain?

有时我会因闲荡而懈怠,有时我会因惊醒而匆忙寻找自己该去的方向。
There are times when I languidly linger and times when I awaken and hurry in search of my goal.

材质：针织和梭织结合，长款衬衣连衣裙
设计细节：胶印图案
设计要点：色彩强烈对比

这是一个给予和保留忽隐忽现的游戏，
有些微笑，有些羞涩，
还有些甜蜜徒劳的反抗。
It is a game of giving and withholding,
revealing and screening again;
some smiles and some little shyness,
and some sweet useless struggles.

材质：羊毛
设计工艺：皮质拉链口袋
设计要点：中长大衣H形

我在道路纵横的世界上。
I am in the world of the roads.

我永远不会关上我感官的门。
看、听、触的快乐将蕴涵着你的快乐。
I will never shut the doors of my senses.
The delights of sight and hearing and touch will bear thy delight.

参考文献
PEFERENCES

[1] [印]罗宾德拉纳德·泰戈尔著. 飞鸟集. 徐翰林译. 哈尔滨：哈尔滨出版社，2004.
[2] [日]原研哉著. 设计中的设计. 朱锷译. 济南：山东人民出版社，2006.
[3] [日]原研哉著. 白. 纪江红译. 桂林：广西师范大学出版社，2012.
[4] [法]米兰·昆德拉著. 不能承受的生命之轻. 第2版. 许钧译. 上海：上海译文出版社，2011.
[5] [美]Amy Prince: Surface, Richard M. Klein, 2009-09-sept.
[6] 素黑著. 好好爱自己. 天津：天津教育出版社，2010.
[7] 王培娜编著. 服装设计手稿. 北京：化学工业出版社，2011.
[8] 王培娜编著. 毛衫设计手稿. 北京：化学工业出版社，2013.

参考网站
PEFERENCES WEBSITE

1. 服饰流行前线．
2. 昵图网．
3. 人人网．
4. 花瓣网．
5. 堆糖网．
6. www.pop-fashion.com
7. www.pinterest.com

致谢
ACKNOWLEDGEMENTS

在本书的编辑过程中得到了以下朋友的帮助：

感谢化学工业出版社提供本书出版的机会。

感谢先后到工作室讲学指导交流的教授、专家、中国著名服装设计师们。

同时还要感谢在工作室学习过和提供服装效果图图片的同学们，由于涉及的同学过多，姓名不再一一列举，在此深表歉意。